Bibliografische Information der Deutschen Nationalbibliothek:

Die Deutsche Bibliothek verzeichnet diese Publikation in der Deutschen National-
bibliografie; detaillierte bibliografische Daten sind im Internet über http://dnb.d-
nb.de/ abrufbar.

Impressum:

Copyright © 2016 GRIN Verlag
Druck und Bindung: Books on Demand GmbH, Norderstedt Germany
ISBN: 9783668714496

Dieses Buch bei GRIN:

https://www.grin.com/document/427031

Silja Schlosser

Struktur und Funktion von Proteinen und Enzymen. Einfluss von "Orlistat" auf die Fettverdauung

Lehrprobe 2. Staatsexamen für das Lehramt an Gymnasien Biologie

GRIN Verlag

Schlosser, Silja

Studienreferendarin

Entwurf zur Prüfungslehrprobe gemäß § 50 Abs. 9 der Verordnung zur Durchführung des Hessischen Lehrerbildungsgesetzes (HLbGDV) vom 28.09.2011, zuletzt geändert durch Art. 6 des Gesetzes vom 24. März 2015 (GVBl. S.118)

Fach: Biologie

Datum: 13.05.2016

Zeit: 10.20 - 11.05

THEMA DER UNTERRICHTSEINHEIT:

Struktur und Funktion von Proteinen und Enzymen

THEMA DER UNTERRICHTSSTUNDE:

Einfluss von Orlistat HEXAL® auf die Fettverdauung

Inhalt

1 Analyse der Lehr- und Lernbedingungen

1.1 Organisatorische Bedingungen

Ich unterrichte den Kurs eigenverantwortlich seit Beginn des Schuljahres. Die Lerngruppe besteht aus 20 Lernenden, davon 6 Schülerinnen und 14 Schüler. Der Unterricht findet regulär montags in der 5. und 6. Stunde im Fachraum statt, der mit einem Beamer und zwei Tafeln ausgestattet ist. Die Tische im Raum sind nicht verschiebbar, sodass keine Gruppentische gestellt werden können.

1.2 Analyse der Lerngruppe

Der Kurs ist aufgeschlossen und freundlich, sodass eine angenehme Lernatmosphäre herrscht. Dies äußert sich in einem respektvollen Umgang untereinander und mir gegenüber und zeigt sich auch in der gegenseitigen Hilfsbereitschaft, z. B. in Gruppenarbeitsphasen. Die Schülerinnen und Schüler sind nach meiner Einschätzung am Fach Biologie interessiert. Der Großteil der Lerngruppe beteiligt sich rege am Unterricht, während wenige sich nur selten beteiligen. Die mündliche Mitarbeit solcher Schülerinnen und Schüler lässt sich nach meinen Beobachtungen durch Fragestellungen, die den eigenen Körper betreffen sowie im Allgemeinen Themen mit Alltagsbezug verbessern.[1] Die Schülerinnen und Schüler konnten stärker motiviert werden, was sich positiv auf die Beteiligung im Unterricht auswirkte. Die Lerngruppe ist mit dem forschend-entwickelnden Unterrichtskonzept vertraut, da es schon einige Male angewendet wurde (bspw.: Erweiterung des Modells zur Biomembran um Kanal- bzw. Transportproteine, Erarbeitung der Osmose). Dennoch muss der Ablauf des Verfahrens noch geübt werden, da einigen Lernenden die Analyse komplexer Sachverhalte und das Erkennen von Zusammenhängen schwer fällt.[2]

Einige Schülerinnen und Schüler können naturwissenschaftliche Zusammenhänge erkennen und diese auch unter Verwendung der Fachsprache erklären und deuten. Zu ihnen zählen **W1**, **W2**, **W3**[3], **W5**, **M1**, **M4**, und **M11**. Diese Gruppe bearbeitet Arbeitsaufträge selbstständig und benötigt selten Hilfestellungen. **W2**, **M1** und **M4** verfügen zudem über gutes bis sehr gutes chemisches Vorwissen, was ihnen die Erarbeitung des Biomembranaufbaus oder auch der Proteinstrukturen erleichterte.

---

[1] Dies zeigte sich beispielsweise bei vertiefender Behandlung der Wasserkanäle (Aquaporine), mit denen der Hersteller sein Produkt „Eucerin AQUAporin Active®" bewirbt. Ebenso wirkte sich die Thematisierung der Lactoseintoleranz positiv auf das Interesse der Lernenden und deren mündliche Mitarbeit aus (bspw.: **W4**, **M6**).

[2] Deutlich wurde dies beispielsweise bei der Entwicklung der Fragestellung, wie es möglich ist, dass Erythrozyten besonders wasserdurchlässig sind, um so die Erarbeitung des Aquaporins einzuleiten.

[3] **W3** ist aufgrund eines Auslandsaufenthalts erst nach den Osterferien zu dem Kurs gestoßen und hat deshalb den Einstieg in die Unterrichtseinheit nachholen müssen.

Zum guten Mittelfeld zählen **M3**, **M5**, **M9**, **M12**, und **M13**[4]. Sie beteiligen sich regelmäßig am Unterricht, haben zum Teil aber Schwierigkeiten sich fachlich richtig auszudrücken und naturwissenschaftliche Erkenntnisse richtig zu deuten. **W6** und **M14** beteiligen sich ebenfalls regelmäßig am Unterricht, ihnen fällt das selbstständige, zielführende Arbeiten schwer, sodass sie häufig die Unterstützung ihrer Mitschülerinnen und Mitschüler nutzen. Zu den zurückhaltenden Schülerinnen und Schülern zählen **W4**, **M2**, **M7** und **M10**. Sie möchten sich oft im Schutz der Gruppe absichern, bevor sie sich melden, sodass ihre Beteiligung am Unterricht eher gering ist. **M6** ist erst im zweiten Schulhalbjahr in den Kurs gekommen. Anfangs waren sein Interesse und seine Beteiligung am Unterricht sehr gering. In letzter Zeit beteiligt er sich häufiger und zunehmend auch fachlich fundierter am Unterricht.

Um die eben beschriebene Heterogenität zu nutzen, habe ich den Sitzplan zum Halbjahreswechsel geändert. Besonders zurückhaltende, leistungsschwächere Lernende profitieren bei Partnerarbeiten von ihren Sitznachbarn und können sich durch „Murmelphasen" absichern, was sich insgesamt positiv auf die mündliche Mitarbeit ausgewirkt hat.

1.3 Überblick über den Lernstand

Während der Einheit „Struktur und Funktion von Proteinen und Enzymen" wurden zunächst die verschiedenen Strukturebenen von Proteinen betrachtet, da diese grundlegend für das Verständnis enzymatischer Reaktionen und ihrer Hemmungen sind. Der Einstieg in die Enzymatik erfolgte am Beispiel der Lactoseintoleranz. Im Modellversuch wurde die Abhängigkeit der Enzymgeschwindigkeit von der Substratkonzentration erarbeitet. Im Kontext der Ernährung und Verdauung haben die Lernenden die Notwendigkeit der enzymatischen Spaltung der Nährstoffe erarbeitet und anhand der Amylase die Temperaturabhängigkeit von Enzymen experimentell untersucht. Näher betrachtet wurde der Fettverdau: Die Schülerinnen und Schüler haben einen Versuch zum Nachweis der Lipaseaktivität entwickelt und durchgeführt, sowie die Funktionsweise des Enzyms in einer Schemazeichnung veranschaulicht.

2 Didaktische Überlegungen

2.1 Überlegungen zur Unterrichtseinheit

Der hessische Lehrplan Biologie für die gymnasiale Oberstufe[5] sieht das Thema „Die Zelle als Teil eines Organismus" für die E-Phase vor, wobei die Katalyse durch Enzyme als verbindlicher Unterrichtsinhalt vorgesehen ist. Enzymatische Reaktionen sind unabdingbare Voraussetzung und elementar zum Verständnis von Verdauung,

---

[4] **M13** und **M14** sind heute vom Unterricht entschuldigt, vgl. Sitzplan, S. 14.
[5] Hessisches Kultusministerium: KCGO, S. 28.

Zellatmung oder Fotosynthese. Darüber hinaus sind Enzyme im Alltag, etwa bei der Herstellung von Lebensmitteln, in Waschmitteln zum Lösen hartnäckiger Verschmutzungen bei niedrigen Waschtemperaturen und auch in der medizinischen Diagnostik unverzichtbar. Aufgrund der Vielfalt der Enzyme ergibt sich ein großes Spektrum von Alltagsbezügen, anhand derer die Wirkung für die Lernenden erfahrbargemacht werden kann (didaktisches Prinzip der Anschaulichkeit[6]). Die Behandlung der Enzymatik erfolgt am didaktischen Prinzip des Exemplarischen[7], d.h. es werden geeignete Objekte ausgewählt, um bestimmte biologische Basiskonzepte zu erschließen. Es bieten sich verschiedene Kontexte zur Behandlung des Themas an, wie beispielsweise *Helicobacter pylori* (Urease), Entgiftung (Katalase) oder Verdauungsenzyme (u.a. Amylase, Lipase). Da die Lerngruppe besonderes Interesse an Fragestellungen hat, die ihren eigenen Körper betreffen (vgl. Lerngruppenanalyse), habe ich mich entschlossen die Eigenschaften und Wirkungsweise von Enzymen am Beispiel der Verdauung zu behandeln. Als Grundlage für die Thematik diente der biochemische Aufbau von Proteinen, Kohlenhydraten und Fetten, die im Zuge des Aufbaus der Biomembran gelegt wurde. Am Beispiel der Lactase erarbeiteten sich die Lernenden die Bedeutung von Enzymen für den Stoffwechsel und knüpften an ihr Vorwissen aus dem Chemieunterricht der Mittelstufe an.[8] Durch den forschend-entwickelnden Unterricht bei dem die Problemorientierung zentral ist und das Experiment eine wichtige Stellung einnimmt, durchlaufen die Schülerinnen und Schüler einen Erkenntnisprozess:[9] Sie erkennen, dass nur mit Hilfe der enzymatischen Spaltung von Nährstoffen eine Aufnahme in die Zelle erfolgen kann und weisen die Aktivität von Lactase, Amylase und Lipase experimentell nach. Als wesentliche Merkmale enzymatischer Reaktionen kann so die Substratspezifität herausgearbeitet und um die Wirkungsspezifität ergänzt werden.

Für die Lernenden stellt die Erarbeitung und Erklärung enzymatischer Reaktionen eine besondere Herausforderung dar, da erstmals biochemische Vorgänge auf molekularer Ebene integriert werden müssen.[10] Da Enzymaktivitäten weder makroskopisch noch lichtmikroskopisch beobachtbar sind, erfordert das Verständnis der Reaktionen eine hohe Abstraktionsfähigkeit, die mit der Entwicklung von Modellen/Schemazeichnungen zur Veranschaulichung der Enzymreaktion unterstützt werden kann.

Mit Hilfe der Aid-Ernährungspyramide wurden die unterschiedlichen Nährstoffe thematisiert und Bezüge zu einer ausgewogenen Ernährung hergestellt. Dies leistet,

---

[6] Spörhase (2013): S. 112.

[7] Ebd.: S. 113.

[8] Im Versuch wurde die Lactose-Spaltung durch Erhitzen mit der durch Lactase verglichen, um die katalytische Funktion von Enzymen zu verdeutlichen: Enzyme ermöglichen das Ablaufen chemischer Reaktionen bei Körpertemperatur, indem sie die Aktivierungsenergie absenken.

[9] Schmidkunz (2003): S. 21, 43.

[10] Hessisches Kultusministerium: KCGO, S. 28.

ebenso wie die Thematisierung des Umgangs mit Medikamenten (Lactase, Orlistat), einen Beitrag zur Gesundheitserziehung bzw. einer gesundheitsfördernden Lebensweise. Somit tragen Erkenntnisse der Biowissenschaften dazu bei, dass Schülerinnen und Schüler „Verantwortung übernehmen, angemessene Entscheidungen treffen und sachgemäß handeln" können[11].

Zu Beginn der Reihe steht das Basiskonzept Struktur-Funktion im Mittelpunkt, wenn es darum geht die Enzymwirkung auf molekularer Ebene zu betrachten. Die Strukturebenen der Proteine sind Voraussetzung, um die Substratspezifität (Schlüssel-Schloss-Prinzip) der Enzyme erklären und die korrekter Faltung der Enzyme in einen Zusammenhang mit der Funktionalität bringen zu können. Durch die Abhängigkeit der Reaktionsgeschwindigkeit von Temperatur und pH-Wert wird das Konzept der Variabilität bzw. Angepasstheit wichtig. Das Konzept der Steuerung und Regelung ist hingegen bei Betrachtung der Hemmmechanismen prägend.

2.2 Überlegungen zur Unterrichtsstunde

Ziel der Stunde ist es, dass die Lernenden erkennen, dass enzymatisch katalysierte Reaktionen gehemmt werden können, da die charakteristische Tertiärstruktur von Enzymen für ihre Funktionalität entscheidend ist.[12] Um das problemorientierte Vorgehen im Sinne der Wissenschaftspropädeutik[13] weiter zu festigen (vgl. Lerngruppenanalyse) erfolgt das Aufwerfen der Problemstellung am Beispiel Orlistat HEXAL®, dessen Wirkstoff Orlistat aufgrund seiner strukturellen Ähnlichkeit zu Triglyceriden das aktive Zentrum der Lipase blockieren und dadurch die Enzymreaktion inhibieren kann[14]. Das Experiment ist eine wesentliche Erkenntnismethode im Biologieunterricht, bei dem weniger das „mechanische Abarbeiten von Experimentieranleitungen", als vielmehr die Planung, Hypothesenbildung und Datenanalyse von Bedeutung ist.[15] Deshalb sollen die Lernenden ein Experiment planen, das ein erstes Zwischenergebnis zur Wirkweise von Orlistat HEXAL® liefert. Dazu aktivieren sie ihr Vorwissen über die enzymatische Spaltung der Fettmoleküle und die Möglichkeit diese experimentell nachzuweisen, indem sie auf einen selbstständig entwickelten Versuch zurückgreifen können.[16] Sowohl im hessischen Lehrplan[17] als auch im neuen Kerncurriculum für die Oberstufe[18] wird die enzymatische Hemmung als verbindlicher Unterrichtsinhalt angegeben. Innerhalb des Basiskonzepts

---

[11] Hessisches Kultusministerium: Lehrplan (2010), S. 2.

[12] Enzymhemmung spielt nicht nur in der medizinischen Therapie eine Rolle (Orlistat, Allppurinol), sondern auch bei Vergiftungen (Schwermetalle) oder der Regulation des Stoffwechsels (Endprodukthemmung im Citratzyklus).

[13] Spörhase (2013): S. 126.

[14] Vgl. Demuth (2006): CD-ROM, „Verzehr ohne Verzicht".

[15] Spörhase, Ruppert (2014): 102ff.

[16] Die Lernenden haben die enzymatische Fettspaltung experimentell nachgewiesen, indem sie die Entfärbung von Phenolphthalein auf die frei werdenden Fettsäuren zurückgeführt haben.

[17] Hessisches Kultusministerium: Lehrplan (2010), S. 31.

[18] Hessisches Kultusministerium: KCGO, S. 29.

„Struktur und Funktion" stehen Steuerung und Regelung[19] der Enzymreaktion im Mittelpunkt. Nachdem die Schülerinnen und Schüler anhand der Einstiegsfolie verschiedene Fragestellungen abgeleitet haben, die in den folgenden Stunden geklärt bzw. diskutiert werden (vgl. Methodik: S. 7), erfolgt in dieser Stunde die Klärung der Wirkweise. Sollten die Lernenden keine Fragen formulieren, die sich auf die Wirkweise beziehen, kann thematisiert werden, welche Vorstellungen die Lernenden in Bezug auf das „Ausbremsen von Fett" haben (vgl. Einstiegsfolie: Anhang). Die Schülerinnen und Schüler sollten ihr Vorwissen zur Konkretisierung der Fragestellung nutzen, indem sie erkennen, das Orlistat entweder die Resorption oder die enzymatische Spaltung von Fetten verhindert und auf diese Weise den Weg des Fetts in das Blut unterbindet. Mit einem Experiment, das ein Verifizieren/Falsifizieren der Hypothesen ermöglicht kann ein Zwischenergebnis festgehalten werden („Orlistat verhindert die enzymatische Fettspaltung durch die Lipase.")

Bei der Versuchsplanung ist entscheidend, dass die Lernenden Orlistat als neue Testvariable in ein bekanntes Experiment integrieren und die Notwendigkeit einer Negativ- sowie Positivkontrolle zur Überprüfung der Funktionsweise des Experiments erkennen. Um die Hypothesenbildung im Hinblick auf die Ursache-Wirkungs-Beziehung zu fördern, werden die Lernenden aufgefordert mit Hilfe eines Konzeptbogens (vgl. Methodik: S. 8 und Arbeitsblatt im Anhang) begründete Vorhersagen zu treffen. Durch den Vergleich zwischen Kontrollansatz und Experimentalansatz sollten die Lernenden erkennen, dass Orlistat die enzymatische Spaltung verhindert. Dies erlaubt die Schlussfolgerung, dass die Resorption ebenfalls unterbunden wird, da nichtgespaltene Fettmoleküle unmöglich von der Darmwand resorbiert werden können.

Der Versuch wird den Lernenden mit Hilfe eines Kurzvideos (vgl. Methodik: S. 8) präsentiert und ermöglicht so die Auswertung von Daten. Dabei werden die begründeten Erwartungen (Hypothesen) mit den tatsächlichen Beobachtungen verglichen und auf Grundlage der Beobachtungen ein Versuchsergebnis formuliert (bspw.: „Orlistat verhindert die enzymatische Fettspaltung.") und als Zwischenergebnis festgehalten (vgl. Methodik und Arbeitsblatt im Anhang). Im Zuge des forschenden Lernens schließt sich als neue Frage an, wie Orlistat die enzymatische Spaltung verhindert. Sollten die Lernenden die Klärung der Wirkweise nicht von alleine fordern, werde ich an dieser Stelle durch entsprechende Impulse die Lernenden in diese Richtung lenken („Was wäre als nächstes zu klären?"/"Wie läuft die enzymatische Fettspaltung normalerweise ab?"). Dabei soll Orlistat in ein den Lernenden bekanntes Modell der unbeeinflussten enzymatischen Fettspaltung integriert werden (bspw.: „Orlistat bindet am aktiven Zentrum und blockiert so die Bindung von Fett."/"Orlistat

---

[19] Kultusminissterkonferenz (2004): S. 9.

bindet an Fett, sodass dieses nicht mehr in das aktive Zentrum passt."/"Orlistat zerstört die Lipase."). Als Mittel der Erkenntnisgewinnung können anhand eines Modells die Hypothesen auf Teilchenebene dargestellt werden (vgl. Methodik, S. 8). Da diese Hypothese(n) experimentell nicht überprüft werden kann, die Fachinformation von Orlistat HEXAL® aber die nötigen Informationen enthält, können die Schülerinnen und Schüler sich den Einfluss von Orlistat auf die enzymatische Fettspaltung auf Teilchenebene als Hausaufgabe erarbeiten und die Wirkungsweise vollständig aufklären.[20] Auf die Einführung des Begriffs „kompetitive Hemmung" wird bewusst verzichtet, um den Lernenden die Möglichkeit zu geben selbständig zu erarbeiten, dass Inhibitor und Substrat um die Bindestelle am Enzym konkurrieren und dies in der Bezeichnung Ausdruck kommt.

Die Beeinflussung der enzymatischer Reaktion durch einen zugeführten Wirkstoff am Beispiel Orlistat bietet die Möglichkeit sich kritisch mit dem Streben nach einem schlanken Körper auseinanderzusetzen, da gerade junge Menschen vor der Einnahme von Medikamenten nicht zurückschrecken, um dem Schönheitsideal gerecht zu werden. In diesem Zusammenhang kann, wenn von den Schülerinnen und Schülern gewünscht, möglicherweise auch auf Essstörungen eingegangen werden. Die Folgen der Medikamenteneinnahme, wie beispielsweise Mangelernährung aufgrund der Ausscheidung essentieller Fettsäuren und Vitaminen[21] kann ebenfalls diskutiert werden. Anhand dieser vielfältigen Lebensweltbezüge kann ein Beitrag zur Förderung der Bewertungskompetenz geleistet werden.

2.3   Didaktischer Schwerpunkt

Die Schülerinnen und Schüler erweitern ihre Kompetenzen im Bereich *Fachwissen*, indem sie...

- ... ihr Vorwissen zur enzymatischen Fettspaltung nutzen, um die Möglichkeit der Hemmung enzymatischer Reaktionen am Beispiel Orlistat zu erarbeiten.

Die Schülerinnen und Schüler erweitern ihre Kompetenzen im Bereich *Erkenntnisgewinnung*, indem sie...

- .... Schritte aus dem Weg der experimentellen Erkenntnisgewinnung zur Erklärung einer Fragestellung anwenden.
- ... ein Experiment planen und die Beobachtungen auswerten.
- ... die Beobachtung aus dem Experiment nutzen, um eine Vermutung über die Wirkweise von Orlistat auf Teilchenebene modellhaft zu beschreiben.

---

[20] Auf die Struktur von Orlistat wird im Sinne der didaktischen Reduktion verzichtet, da die Strukturformel für die Veranschaulichung der Hemmung auf Teilchenebene nicht nötig ist und aufgrund mangelnder chemischer Kenntnisse zu einer Überforderung führen würde.
[21] Matyssek (1999): S. 32.

Die Schülerinnen und Schüler erweitern ihre Kompetenzen im Bereich *Kommunikation*, indem sie...

- ...das Ergebnis eines Experiments miteinander diskutieren und damit argumentieren.

3 Methodische Überlegungen

Als Unterrichtseinstieg dienen ein Ausschnitt sowie ein Zitat aus zwei online Zeitungsartikeln (vgl. Anhang), die eine Eignung von Orlistat zur Fettreduktion ansprechen. Das Beispiel Orlistat knüpft an das Vorwissen der Schülerinnen und Schüler zur Fettverdauung an und kombiniert es mit Neuem/Unverstandenem, nämlich dem „Ausbremsen" des Fetts auf dem Weg in das Blut. Dadurch sollen die Lernenden angeregt werden sich mit dem Phänomen aktiv geistig auseinanderzusetzen.[22] Dies beinhaltet auch die Übertragung einer alltagssprachlichen Problematisierung in einen fachwissenschaftlichen Kontext. Alternativ hätte man einen Beitrag aus einem Internetforum wählen können (Erfahrungsbericht), der die Wirkweise von Orlistat thematisiert. Dies birgt die Gefahr emotionale Fragen hervorzurufen und durch die erhöhte Komplexität zu einer kognitiven Überlastung der Lernenden zu führen. Der Zeitungsausschnitt hingegen ist überschaubar und leicht zu erfassen. Aus der Problemstellung können sich verschiedene Fragen ergeben, die zunächst gesammelt und im Unterrichtsgespräch verschiedenen Themenbereichen (bspw. Wirkweise, Schlankheitsideal, gesundheitliche Auswirkung) zugeordnet werden. Diese werden am Flip-Chart notiert, um das Vorgehen zu strukturieren und die im Verlauf der Unterrichtseinheit zu klärenden Fragen der Lernenden transparent zu machen. In der gezeigten Stunde steht die Wirkweise von Orlistat im Mittelpunkt. Anhand der beobachtungsabhängigen Ergebnisse eines Experiments können die zuvor getroffenen Hypothesen (begründete Vorhersagen) verifiziert/falsifiziert werden. Obwohl die Lernenden das Experiment in der gezeigten Stunde nicht selbst durchführen können[23], habe ich mich für das Experiment als Mittel der Erkenntnisgewinnung entschieden, da dies eine zentrale Methode der Biologie darstellt. Beim Experimentieren steht nicht so sehr das Abarbeiten von Experimentieranleitungen im Vordergrund, sondern die Art und Weise des Vorgehens. Es dient der Aneignung sowohl von inhaltlichem, als auch von naturwissenschaftlich methodischem Wissen. Die drei wichtigen Kompetenzen der Hypothesenbildung, Experimentplanung und Auswertung können von den Lernenden durchgeführt werden.[24] Um den Planungsprozess möglichst offen zu gestalten, erhalten die Schüler und Schülerinnen für die Planung noch kein Arbeitsblatt, sondern

---

[22]Weitzel (2012): S. 54.

[23] Begründet liegt dies darin, dass es etwa 20 Minuten dauert, bis ein Ergebnis beobachtbar wird. Deshalb habe ich es vorab gefilmt und durch Zeitraffung auf knapp über 2 Minuten gekürzt.

[24] Spörhase, Ruppert (2014): S. 102 f.

notieren Stichpunkte. Damit die Lernenden sich gegenseitig unterstützen und absichern können, darf in dieser Phase „gemurmelt" werden, bevor im Unterrichtsgespräch die Vorgehensweise verglichen, sowie mit Hilfe einer Folie gesichert wird. Dabei erfolgt die Festlegung der Reihenfolge der Versuchsansätze, die mit dem Videoexperiment übereinstimmt. Dadurch wird die Auswertung des Experiments erleichtert. Um eine längere eigenständige Arbeit der Lernenden zu ermöglichen, erhalten sie nun eine Materialbox mit Arbeitsblättern und iPads. Die Schülerinnen und Schüler werden in Dreiergruppen eingeteilt, sodass alle das Experiment gut betrachten können. Die Gruppenarbeit soll die kommunikative und interaktive Kompetenz der Lernenden fördern und bietet neben dem fachlichen Lernen auch eine Form des sozialen Lernens.[25] Das Ausfüllen des Konzeptbogens erfolgt selbstständig und ohne Zwischensicherung, um die naturwissenschaftliche Denkweise nicht zu unterbrechen. Mit Hilfe des Arbeitsblattes, das sich am POE-Schema orientiert[26], soll die Hypothesenbildung gefördert werden und die Lernenden vermutete Zusammenhänge über Ursache-Wirkungs-Beziehungen formulieren. Schnellere Gruppen tragen ihre Vorhersagen, Begründungen und Beobachtungen auf Folienschnipsel ein, die für die Sicherung genutzt werden. Ein erstes Zwischenergebnis wird mit Hilfe der Präsentation dieser Folienschnipsel formuliert und festgehalten, sowie auf dem Flip-Chart entsprechend gekennzeichnet. Um zur anschließenden Frage („Wie verhindert Orlistat die enzymatische Fettspaltung?") überzuleiten, wird die enzymatische Fettspaltung auf Teilchenebene modellhaft wiederholt. Dadurch erhalten auch lernschwächere Lernende (bspw.: **W4, M2, M7, M10**) Gelegenheit sich an der Hypothesenbildung zu beteiligen und werden so an die naturwissenschaftliche Denk- und Arbeitsweise im Sinne der Wissenschaftspropädeutik heranzuführen[27]. Die Lernenden können mit Hilfe des Papiermodells ihre eigene Vorstellung über die Wirkweise von Orlistat auf Teilchenebene darstellen und so in ein vorläufiges Modell überführen, dass mit Hilfe der Fachinformation überprüft und überarbeitet werden kann. Hier greife ich auf die Fachinformation, die aus Gründen der didaktischen Reduktion stark gekürzt wurde, zurück, da der Hemmmechanismus experimentell nicht zu klären ist. Besonders lernschwächere Lernende, wie beispielsweise **W4, M10** oder **M14** haben Schwierigkeiten bei der Vorstellung abstrakter makromolekularer Prozesse. Bisher hat sich gezeigt, dass der Einsatz von Modellen unterstützend wirkt, um einen Zugang zur Thematik zu finden.

---

[25] Wodzinski (2004): S. 255.
[26] Spörhase, Ruppert (2014): S. 103.
[27] Hessisches Kultusministerium: Lehrplan (2010), S. 5.

4   Tabellarische Übersicht

Phase	Unterrichtsgeschehen	Sozialform	Methoden und Medien
Begrüßung	Begrüßung und Vorstellung der Gäste.		
Einstieg	Zeitungsauschnitt, in dem am Beispiel Orlistat Medizinprodukte zum Abnehmen thematisiert werden.	L-S-G	Folie mit Zeitungsauschnitt, Orlistat
Problemgewinnung 1	Entwicklung von verschiedenen Fragestellungen und Kategorisierung in verschiedene Themenbereiche („Wirkungsweise"/"Schlankheitsideal"/"gesundheitliche Aspekte"/"Gewichtsreduktion, Alternativen"). Klärung der Wirkungsweise als Thema dieser Stunde.	L-S-G	Flip-Chart Folie mit Zeitungsauschnitt
Hypothesenbildung	Lernende formulieren Hypothesen zur Wirkweise, die am Flip-Chart festgehalten werden („verhindert enzymatische Fettspaltung oder Resorption").	L-S-G	Flip-Chart
Erarbeitung	Lernende planen ein Experiment zur Untersuchung des Einflusses von Orlistat auf die enzymatische Fettspaltung.	„Murmelphase", L-S-G	OHP-Folie
	Lernende formulieren Ursache-Wirkungs-Zusammenhänge. Durchführung und Beobachtung anhand eines Videoexperiments. Notieren der Beobachtungen und Folgerung.	GA	Materialbox: AB/iPad, Folienschnipsel (AB)
Auswertung	Konzeptbogen wird verglichen und erstes Zwischenergebnis notiert.	L-S-G	Folienschnipsel, Flip-Chart
Problemgewinnung 2/ Überleitung zur HA	Entwicklung der weiterführende Fragestellung („Wie wird enzymatische Fettspaltung verhindert?") und Wiederholung des bekannten Ablaufs zur enzymatischen Fettspaltung.	L-S-G	Papiermodelle und Magnete für Tafel
Hypothesenbildung	Lernende formulieren Hypothesen zum Hemmmechanismus.	„Murmelphase"	Flip-Chart
Stundenende/	Lernende vergleichen Hypothesen mit der Fachinformation und entwickeln eine Schemazeichnung (HA).		

Vertiefung	
Alternatives Stundenende	Sollte die Zeit für das geplante Stundenende nicht reichen, erfolgen die Hypothesenbildung und der Vergleich mit der Fachinformation in der nächsten Stunde.

Legende: GA: Gruppenarbeit, HA: Hausaufgabe, L-S-G: Lehrer-Schüler-Gespräch, OHP: Overhead-Projektor, PA: Partnerarbeit

5 Literatur-/Quellenangabe

Baum, J. *et. al* (2015): Grüne Reihe, Materialien SII, Zellbiologie und Stoffwechsel Schroedel, Braunschweig: S. 116f.

Beyer, I. *et. al* (2010): Natura Biologie für Gymnasien Oberstufe Ernst Klett Verlag, Leipzig, Stuttgart: S. 52f.

Demuth, R.; Parchmann, I.; Ralle, B. (2006): Chemie im Kontext. Cornelsen Verlag, Berlin, Begleit CD-ROM.

Hessisches Kultusministerium (2010): Lehrplan Biologie – Gymnasialer Bildungsgang.

Hessisches Kultusministerium (2015): Kerncurriculum gymnasiale Oberstufe.

Mattes, W. (2014): Methoden für den Unterricht. Paderborn, Schöningh.

Mattysek, B. (1999): Pillen gegen Körperfett? In: Unterricht Biologie (1999), 249/23, S. 31-36.

Schmidkunz, H.; Lindemann, H. (2003): Das forschend-entwickelnde Unterrichtsverfahren. Problemlösen im naturwissenschaftlichen Unterricht. Westarp, Hohenwarsleben.

Spörhase, U. (2013): Biologie Didaktik, Praxishandbuch für die Sekundarstufe I und II. Cornelsen, Berlin.

Spörhase, U.; Ruppert, W. (2014): Biologie Methodik, Handbuch für die Sekundarstufe I und II. Cornelsen, Berlin.

<u>Internetquellen:</u>

http://www.sueddeutsche.de/leben/hilfe-beim-abnehmen-wundermittel-auf-dem-pruefstand-1.764289, Stand: 23.04.2016.

http://www.spiegel.de/gesundheit/diagnose/schneller-abnehmen-wirkstoff-orlistat-koennte-nebenwirkungen-ausloesen-a-872646.html, Stand: 30.04.2016.

http://cdn8.apopixx.de/400/web_schraeg/8951953.jpg, Stand: 23.04.2016.

6 Anhang

6.1 Sitzplan

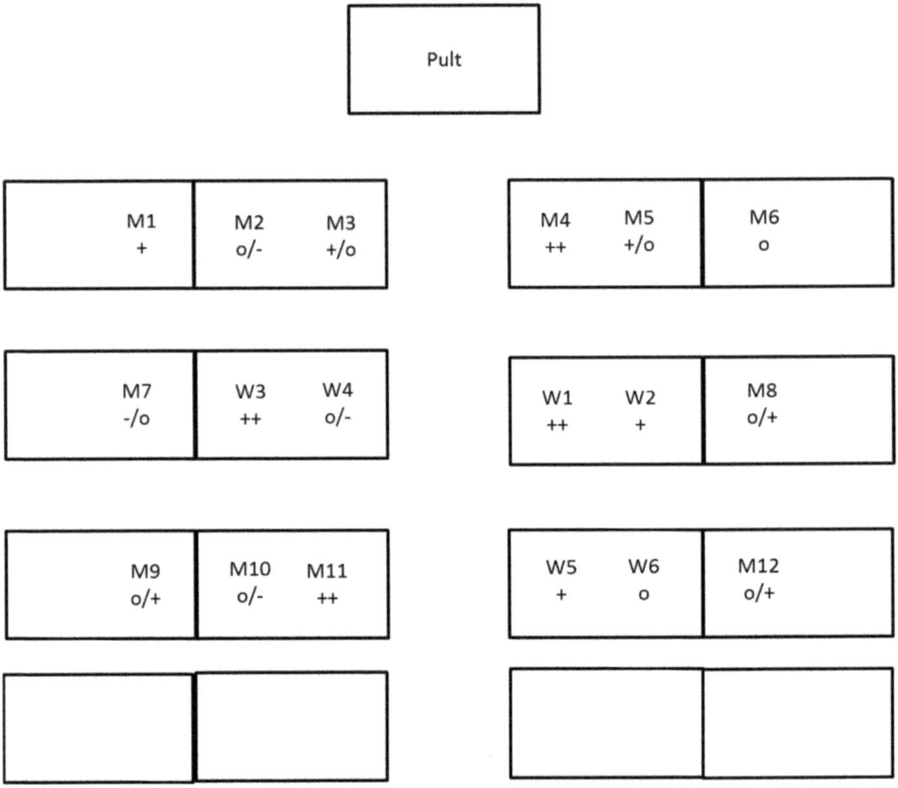

<table>
<tr><td colspan="2"></td><td>Pult</td><td colspan="2"></td></tr>
</table>

M1 +	M2 o/-	M3 +/o		M4 ++ M5 +/o	M6 o
M7 -/o	W3 ++	W4 o/-		W1 ++ W2 +	M8 o/+
M9 o/+	M10 o/-	M11 ++		W5 + W6 o	M12 o/+

++: qualitativ und quantitativ sehr gute Beteiligung, **+**: qualitativ und quantitativ gute Beteiligung, **o**: mäßige Beteiligung, **-**: geringe Beteiligung

6.2 Arbeitsmaterialien

Abnehmen ist bekanntlich schwer und Hilfsmittel gibt es viele. Apotheken haben eine ganze Palette von Mitteln im Angebot. Dazu zählen auch Medizinprodukte, die den Weg zur Traumfigur erleichtern sollen. (Süddeutschen Zeitung)

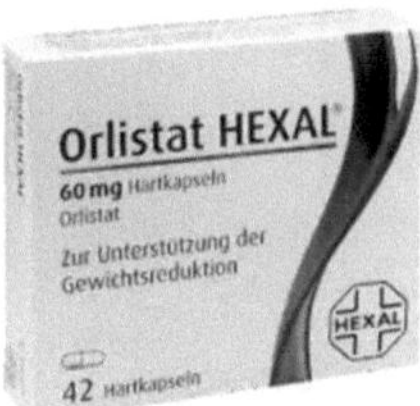

Beispiel: Orlistat

„Orlistat wirkt im Darm und bremst Fett schon auf dem Weg ins Blut." (Spiegel online)

Arbeitsauftrag:

Planen Sie ein Experiment, zur Überprüfung der Hypothese. („Murmelphase")

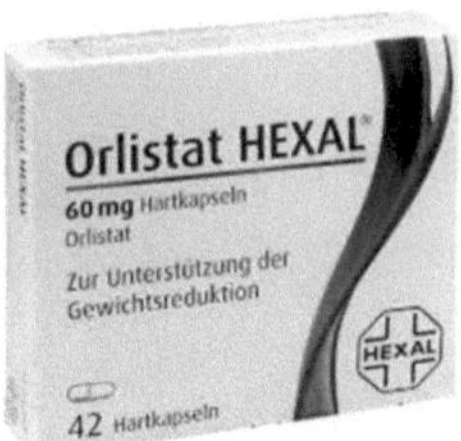

Beispiel: Orlistat

„Orlistat wirkt im Darm und bremst Fett schon auf dem Weg ins Blut." (Spiegel online)

Versuchsziel: ....

Planung	Vorhersage/Erwartung	Begründung	Beobachtung (s. Video)	Folgerung
1 — Sahne, Lipase, Natriumcarbonat, Phenolphthalein, Wasser				
2 — Sahne, Lipase, Natriumcarbonat, Phenolphthalein, Orlistat				
3 — Sahne, Natriumcarbonat, Phenolphthalein, Wasser				

Aufgabenstellung:

1. Vervollständigen Sie den Konzeptbogen zum Versuch (Vorhersage, Begründung). Stichpunkte reichen aus!
2. Schauen Sie sich die Durchführung des Experiments auf einem iPad an. Tragen Sie Ihre Beobachtungen auf den Bogen ein.
3. Werten Sie die Versuchsbeobachtungen (Video) aus und formulieren Sie ein zusammenfassendes Ergebnis.

Fachinformation
Orlistat HEXAL® 120 mg Hartkapseln
Wirkstoff: Orlistat

Anwendungsgebiete:

Orlistat HEXAL ist ein Arzneimittel zur Behandlung von Übergewicht. Orlistat HEXAL ist in Verbindung mit einer kalorienreduzierten Kost mit einem Fettanteil von circa 30% einzunehmen. Die normale Dosis beträgt eine Kapsel Orlistat 120 mg zu jeder der drei Hauptmahlzeiten am Tag. Es verhindert, dass ungefähr ein Drittel des Fettes im Essen, das man zu sich nimmt, verdaut wird.

Pharmakologische[28] Eigenschaften:

Orlistat ist ein wirksamer, spezifischer Inhibitor[29] der im Magen-Darm-Trakt wirkenden Lipasen. Orlistat bindet an einen Aminosäurerest im aktiven Zentrum der Lipase.

Arbeitsauftrag:

1. Veranschaulichen Sie die Wirkungsweise von Orlistat auf die enzymatische Fettspaltung mit Hilfe einer Schemazeichnung.
2. Orlistat ist nur bei kalorienreduzierter Kost wirksam. Erklären Sie dieses Phänomen auf Teilchenebene (vgl. Schemazeichnung aus 1).
3. Eine der Nebenwirkungen von Orlistat ist ein sogenannter „Fettstuhl".[30] Erklären Sie das Auftreten dieser Nebenwirkung.

---

[28] Pharmakologisch bedeutet, die Wirkung von Medikamenten betreffend.
[29] Inhibitor = Hemmstoff.
[30] Fettstuhl = Erhöhung des Fettgehalts bei der Ausscheidung.